让优质的鲜食玉米
走进千家万户

鲜食玉米科普宣传手册

中国种子协会鲜食玉米分会

中国作物学会玉米专业委员会　组编

中国农业出版社

北京

发展鲜食玉米产业

提升农业效益

满足人民生活需求

戴景瑞

2018年9月23日

前言

改革开放以来，我国鲜食玉米产业呈现持续加快发展的好势头，目前种植面积突破 2 500 万亩，消费市场由城市为主扩展到城乡并举，市场供应由时令为主转变为全年均衡，鲜食玉米种子由进口为主转变为自主研发。过去的三年里，我国约六成消费者每月都会购买鲜食玉米，鲜食玉米正快速地走进老百姓主食菜单，以其低脂肪、高纤维、多营养的特点，成为消费者喜爱的健康轻食。随着我国农业和食物生产全面进入营养健康导向发展的新阶段，鲜食玉米必将在中国迎来一个前所未有的广阔消费市场。

最近，中国种子协会鲜食玉米分会和中国作物学会玉米专业委员会组织专家学者编制了科普宣传手册，详细介绍了鲜食玉米独特的营养成分和一些方便美味的食用方法，图文并茂，可读性极强，旨在让更多的城乡居民更全面、更科学地了解鲜食玉米的营养与美味。希望广大读者能从这本书中获取有益的饮食生活妙诀，让"更鲜甜、更新鲜、更便捷"的鲜食玉米惠及身边每一个人，给你健康、给你智慧、给你力量。

陈前山

2023 年 10 月 13 日

目 录

第一篇

甜玉米

第二篇

糯玉米

第三篇

甜加糯
玉米

第四篇

爆裂玉米

第五篇

食品安全

CORN
FILES

玉米小档案

科属	禾本科
原名	玉蜀黍
拉丁学名	*Zea mays* L.ssp.*mays*
引入中国的时代	明代
中文别名	包谷、包芦、玉茭、苞米、棒子、粟米、玉麦、芦黍、珍珠米、六谷米等。
类型	从收获物和用途上划分，可分为籽粒用玉米、青贮玉米、鲜食玉米三大类。
生育周期	全生育期分为播种、出苗、三叶、拔节、喇叭口期、抽雄、开花、吐丝、灌浆、乳熟、蜡熟、完熟等。
品种辨识	一年生雌雄同株异花授粉植物，植株高大，茎强壮，是重要的粮食作物、饲料作物和工业原料作物。
生产情况	玉米是全球种植面积第二、总产量最高的农作物。
地理分布	全世界热带和温带地区广泛种植；我国各地均有栽培。

CORN
HISTORY

玉米大历史

起 源　　玉米起源于中南美洲，今墨西哥至秘鲁一带。经 ^{14}C 测定，墨西哥普埃布拉州 Coxcatlan 洞发掘出的玉米轴穗已有 7 000 年历史。考古发掘结果显示，玉米来源于一种名为大刍草 (*Zea mays ssp.parviglumis*) 的一年生野草 (从其拉丁学名可以看出它与玉米同属同种，只是分属不同亚种)。

文 化　　有一种说法：欧洲文明是小麦文明，亚洲文明是稻米文明，拉丁美洲文明则是玉米文明。

在不同民族、不同宗教文化的影响下，农作物不仅仅扮演着填饱人们肚子的角色，在宗教力量的驱使下，一点点走向神坛，被披上一层神秘的"圣果"色彩，不同地区都流传着关于农作物的神话传说。

比如，印第安人将玉米尊奉为神，认为它是太阳之子。在印第安人的部落和村社，玉米磨房都建在村镇中心，磨房成了村庄重要社交场所，村民大会也在这里举行，从而又在一定程度上使玉米与"权力"联系在一起，融入祖先的精神生活之中。

传 播　　在 1492 年哥伦布发现美洲大陆之前，玉米只在美洲范围内传播和种植。随着世界航线的开辟，到 16 世纪中后期，玉米被传播至世界各地，迅速成为人类的主要粮食作物之一。

　　目前，玉米是全球种植面积第二大的粮食作物，是重要的粮食和饲料来源。除南极洲外，全世界六大洲都种植玉米，北美洲种植面积最大，其次为亚洲和非洲。

　　玉米于 16 世纪传入我国，已有数百年的栽培历史。首先在山东、河北、陕西、河南等地种植，名字也各式各样。迄今，我国已经成为世界第二大玉米生产国，2022 年玉米种植面积约 6.46 亿亩（约 4 306.67 万公顷），产量约 2.77 亿吨。

CORN
CLASSIFICATION

玉米的分类

籽粒用玉米（普通玉米）

除被用作粮食作物，也大量地被用作饲料和一些工业用品的原材料。

青贮玉米

将玉米连同秸秆经切碎、密封发酵后，作为牛、羊等草食牲畜的饲料。

鲜食玉米

主要分为甜玉米、糯玉米、甜加糯玉米三大类。20世纪80年代中期后我国开始大面积种植的一些鲜食玉米品种，鲜食玉米现已成为人们餐桌上的美味食品。

玉米籽粒的颜色因品种不同而存在多样性，大致有黄色、白色、紫色、红色、绿色或多种颜色混合等。

玉米籽粒颜色的形成由基因决定，是受多基因共同控制、相互作用的结果。

第一篇

甜玉米

SWEET CORN

甜玉米小档案

类 型　依据籽粒形态和成分划分，属甜质型

颜 值　籽粒淡黄或乳白色，胚较大

口 感　青棒阶段皮薄、汁多、质脆而甜、味美

营 养　富含水溶性多糖、维生素A、维生素C、叶酸、
叶黄素、脂肪和蛋白质等

一、甜玉米发展历程

1779 年　一支欧洲远征考察队从美洲印第安人耕作地里带回"Papoon"甜玉米果穗。

1836 年　诺埃斯·达林育成第一个甜玉米品种"达林早熟（Darling early）"。

1900—1907 年　美国开始正式设立甜玉米育种项目。

1924 年　琼斯在美国康涅狄格州农业试验站培育出世界上第一个白粒甜玉米杂交种"瑞德格林（Redgreen）"，并进入商品生产。

1927 年　史密斯育成著名单交种"高登彭顿"，并广泛栽培至今。

1931 年　制成第一筒甜玉米罐头。

20 世纪 50 年代末　出现超甜玉米，如"佛罗里达永甜"。

1968 年　中国大陆首次培育出普通甜玉米品种"北京白砂糖"。

20 世纪 70 年代末　出现加强甜玉米，如"夏威夷特甜"。

2013 年　全球甜玉米种植面积 146.73 万公顷，产量达 1 359.75 万吨，主要产地有美国、欧洲、加拿大、泰国、中国和日本等。

目前我国甜玉米种植面积已达 700 万亩（46.67 万公顷）以上，主要种植省份有广东、云南、广西、河北、内蒙古、湖北、福建、江西、浙江、黑龙江等，全国其他各省（区、市）均有种植。

11

二、甜玉米为什么这么甜？

从植物学角度，玉米籽粒可以分为果皮、胚、胚乳三部分，影响玉米甜度的关键因素就在胚乳中。

普通玉米叶片会通过光合作用产生蔗糖，并运输到胚乳，以淀粉的形式储存起来，淀粉本身吃起来没有甜味，所以普通玉米味道不甜。

在历史长河中，玉米中的一个或几个基因发生自然突变，玉米中的淀粉合成受阻，糖分主要以蔗糖、还原糖和水溶性多糖的形式存在。简单说，玉米生长过程中由于灌浆期运往穗部的糖分难以转化为淀粉，在籽粒中大量积累，故具有明显的甜味，形成甜玉米类型。

三、甜玉米的分类

根据不同的基因突变类型，甜玉米可以分为普通甜玉米、超甜玉米和加强甜玉米三种。

	普通甜玉米	超甜玉米	加强甜玉米
乳熟期胚乳含糖量	10%~15% 是普通玉米的2倍多。	20%~25% 是普通玉米的4倍多。	10%~15% 是普通玉米的2倍多。
口　感	含有大量水溶性多糖，吃起来较甜，并带有糯性的口感。	吃起来更甜，但是缺乏水溶性多糖，所以没有糯性。	兼备普通甜玉米的好口感和超甜玉米的高糖分，甜糯兼有，是甜玉米界的"全能手"！
食用类型	整粒或糊状加工制罐，也用于速冻。	整粒加工制罐、速冻，鲜果穗。	整粒或糊状加工制罐、速冻，鲜果穗。

目前，我国种植的甜玉米绝大部分为超甜玉米。与其他类型相比，超甜玉米的糖分含量更高、糖分保持时间更长，其最佳采收期和货架期明显长于普通甜玉米和加强甜玉米。

四、甜玉米的品种

随着现代社会农业种植和运输技术的发展，人们几乎一年四季都可以吃到玉米。但掰着手指细细数一下，自己吃过的玉米到底有多少种？估计有人数出了几十种就忍不住沾沾自喜了，殊不知，玉米有好几百个品种呢。

甜玉米的品种很多，不同品种甜玉米的适口性、营养品质存在明显的差异。

甜玉米品种主要分为加工用和鲜食用两种类型。加工用甜玉米主要用来做速冻、真空包装玉米食品，也可用于加工成各种类型和风味的罐头等食品。比如先正达的"米哥""奥弗兰"等都是很好的加工用甜玉米品种，这类品种主要以黄色甜玉米为主。鲜食用甜玉米类型丰富：黄色品种，如老品种华珍、金菲、金中玉等，近年来华耐甜玉 782、金冠 218、京科甜 608 等推广较多；黄白双色品种，如双色先蜜；还有白色品种，如雪甜 7401、圣甜白珠等。

广东省农业科学院玉米研究团队的研究结果显示，不同品种的甜玉米，其维生素 E、叶黄素、维生素 C 和叶酸等含量差异极其明显。中国农业大学与广东省农业科学院玉米研究团队合作，利用分子育种技术，鉴定出富含维生素 E 的甜玉米品种中包括农甜 419、粤甜 16 号、粤甜 13 号、粤甜 26 号等。

华耐甜玉 782

金冠 218

京科甜 608

雪甜 7401

粤甜 13 号

辨识有标准

　　在购买甜玉米鲜果穗及其加工产品的时候，应该注意对品种和品牌的识别。

　　一要增强品牌意识，拒绝选择虚假宣传、品种和品牌标识不明晰的产品；

　　二要坚持选择口感好、营养价值高的品种，拒绝质量不稳定品牌的产品。

第二章 营养价值

一、甜玉米兼具粮、果、蔬的特性

甜玉米是欧美、韩国和日本等国家的主要蔬菜之一，因其具有丰富的营养以及甜、鲜、脆、嫩的口感而深受各个年龄层消费者青睐。

采收期含水量

75% 甜玉米

13%~20% 水稻、小麦以及普通玉米

80%~90% 一般的水果和蔬菜

由上图来看，甜玉米采收期的含水量明显高于我们平时吃的主粮作物，略低于一般的水果和蔬菜，所以其口感就像水果和蔬菜一样，水润多汁。

碳水化合物

18% 甜玉米

70%~80% 稻米、小麦

3%~15% 一般的水果和蔬菜

碳水化合物是植物源天然食品的主要营养成分，是人体能量的主要来源。由上图来看，甜玉米是一种低热量的食物。

糖分

| 6% | 0.5%~2.5% | 6%~12% |
| 甜玉米 | 稻米、普通玉米 | 一般水果 |

上图是经试验测定各类食物中糖分的含量。甜玉米糖分主要以蔗糖、还原糖和水溶性多糖的形式存在，其中蔗糖和水溶性多糖发生水解生成葡萄糖，但水解速率较低，释放葡萄糖的反应比较缓慢。通过对升糖指数和血糖负荷的测定发现，食用甜玉米比食用传统的稻米、小麦这些主粮食物升糖速率更低，与食用一些蔬菜水果的升糖速率基本相当。也就是说，糖尿病患者在血糖控制理想的情况下，是可以适量食用甜玉米的。

综合来说，甜玉米兼具粮、果、蔬三类食物的特性，能够为我们保持健康提供适当的能量。

二、甜玉米的营养成分及价值

1. 甜玉米营养丰富

除了碳水化合物和糖分外，甜玉米还含有丰富的维生素 C、维生素 E、叶黄素、叶酸、优质的膳食纤维和微量矿物质等。

维生素 C	抗氧化剂，是人体维持免疫功能不可缺少的营养素。
维生素 E	脂溶性维生素，有促进细胞分裂、降低血清胆固醇、防止皮肤病变的功能，可以减缓动脉硬化和脑功能衰退。
叶黄素	在人体内主要参与构成视网膜黄斑色素，可减少蓝光对黄斑区的损伤，有保护视力的作用。
叶酸	水溶性 B 族维生素，维生素 B_9，是包括四氢叶酸及其衍生物在内的一类物质的总称。机体细胞生长和繁殖所必需的物质。孕妇补充叶酸可以预防胎儿神经管缺陷和唇腭裂。
膳食纤维	能够加速致癌物质和其他毒物的排出。
矿物质	主要包括钙、铁、锌、钾、锰和镁等参与人体生长发育所必须的营养物质。

2. 甜玉米与主粮和常见水果的热量、血糖指数的比较

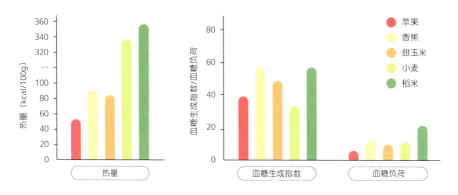

甜玉米与主粮和常见水果的热量、血糖生成指数及血糖负荷比较

由上图可知：

（1）食用甜玉米产生的热量和食用香蕉产生的热量相当，明显低于食用主粮作物的热量。

（2）食用甜玉米的血糖生成指数（GI）为48，数值小于55，属于低糖食品。GI高的食物由于进入肠道后消化快、吸收好，葡萄糖能够迅速进入血液，所以易导致高血糖的发生。而GI低的食物由于进入肠道后停留的时间长，葡萄糖进入血液后峰值较低，引起餐后血糖反应较小。

（3）食用甜玉米的血糖负荷（GL）仅为8，数值低于10，属于低血糖负荷饮食，表示摄入后对血糖的影响很小。

3. 普通玉米、甜玉米和糯玉米主要营养成分差异

	普通玉米	甜玉米	糯玉米
淀粉	大于 68%，其中支链淀粉约占淀粉总量的 72%	约占 5%	70%~75%，其中支链淀粉约占淀粉总量的 95% 以上
糖分	约占 0.64%	约占 6%	约占 2%
蛋白质	约占 7%	约占 13%	大于 10%
膳食纤维	约占 7%	约占 2%	—

注："—"代表数据未获得。

第三章　食用攻略

一、甜玉米的挑选技巧

1 尝　新鲜的甜玉米甜度高，食用后唇齿留香；口感爽脆，一口下去清爽多汁、甘脆可口；皮薄，无渣。

2 掐　新鲜的甜玉米含水量很足，一掐就冒水。

二、甜玉米的食用方法

一口下去，粒粒爆浆，口感清爽，甜脆多汁。

第一步：将新鲜的甜玉米去除表皮苞叶后洗净；
第二步：加水后放在蒸锅上，上汽后大火蒸15分钟左右即可食用。

第一步：将新鲜的甜玉米去除表皮苞叶（特别注意不要剥去所有苞叶）后洗净；
第二步：冷水下锅，放一点点盐，水开后10分钟即可食用。

第一步：将新鲜的甜玉米去除表皮苞叶后洗净；
第二步：置于带有气孔的密封容器内（防止水分散失影响口感）；
第三步：置于微波炉中，高火烘烤5分钟左右取出即可食用。

榨汁

第一步：将新鲜的甜玉米去除表皮苞叶；

第二步：清洗干净玉米外皮后，放在蒸锅上层蒸大约 15 分钟；

第三步：用水果刀将蒸熟的玉米粒由果穗上切下，放入破壁机（榨汁机）中，再按照玉米和水大约 1:1 至 1:3 的比例加入温水（加水量根据个人对味道浓淡的喜好而定），启动五谷或蔬果模式，大约 2 分钟即可享用。

根据个人喜好酌情添加牛奶或者其他果蔬汁后口味更佳。

金沙蛋黄玉米

第一步：将甜玉米粒和淀粉搅拌均匀，咸蛋黄捣碎备用；

第二步：油入锅烧热，将玉米粒炸至金黄盛出备用；

第三步：留底油，将咸蛋黄炒至粉末状；

第四步：倒入炒好的玉米粒，一起翻炒，盛出摆盘食用。

小贴士

　　勿用煮普通玉米的方法煮甜玉米，避免因营养成分流失到水中而减少甜玉米自身的营养。用甜玉米煲汤除外。

　　冷冻的甜玉米不用提前解冻，冷水下锅煮开即可。

采摘技巧

　　采摘甜玉米果穗时，要连同苞叶一起从植株上掰下。

　　果穗采收后，带苞叶和不带苞叶的玉米果穗含糖量下降速度有明显差异。

　　不带苞叶：放置1小时后，含糖量开始下降；4小时后下降速度加快。

　　带苞叶：含糖量相对稳定，放置4小时几乎没有变化。

三、甜玉米的保鲜与保存方式

　　鲜食甜玉米，当然越新鲜的越好吃，随着保存时间的推移，其口感会逐渐变差。因此，鲜食甜玉米最好是现买现吃。但毕竟也不能任性到想吃就有的地步，所以储存妙计可解"鲜食甜玉米粉"的贪吃梗。

整穗保鲜

1. 采收后尽早将甜玉米果穗放在冰中，使其迅速降温冷却，降低酶活速率，减少营养物质降解和消耗；
2. 将新鲜的甜玉米去除表皮 3~4 层苞叶；
3. 切除果穗顶部花丝部分；
4. 放于保鲜袋中包好，置于冰箱中 0~4℃冷藏或冷库中储存。

脱粒保存

1. 用水果刀将玉米粒从果穗上切下来，用保鲜袋装好；
2. 置于冰箱中 -20℃储存，建议分袋保存，便于后期食用。可储存一年以上。

·第二篇·

糯玉米

WAXY CORN

糯玉米小档案

类 型	依据籽粒形态和成分划分，属蜡质型
别 名	蜡质玉米
颜 值	株型紧凑，穗椎型，籽粒顶端圆形光滑无光泽，五颜六色
口 感	绵软适口、甜黏清香
营 养	富含维生素 A、维生素 B_1、蛋白质、氨基酸、叶酸、赖氨酸等

一、糯玉米的由来

1908 年 5 月，植物学家科林斯（G.N.Collins）把一种从中国收集来的玉米种子在华盛顿进行种植，他发现这种玉米具有黏性，称之为"中国蜡质玉米"。后将种植观察结果在 1909 年 12 月的《美国农业新闻简报》上发表。

起　源　玉米被引入中国广泛种植之后，在西南地区种植的硬质玉米发生突变，经人工选择和栽培而成为糯质玉米类型。从学名 *Zea mays L.ceratina Kulesh* 看，即有"中国种"之意。所以说糯玉米绝对称得上是土生土长的"中国仁"，我国西南地区则是糯玉米的主要起源地。

考　证　据中国科学院遗传研究所曾孟潜研究员 1987 年论证，1760 年前，糯玉米已在中国形成，并进行了种植和食用。依据有三：

第一，乾隆二十五年（1760）张宗法著《三农纪》中已有相关糯玉米记载："叶干类蜀黍，高六七尺。六七月开花吐穗。节侧生叶，叶腋生苞，苞微长。须如红缨，绒状。苞内包实，如捣捶形，五六寸许。实外排列粒子，累累然如芡实大，有黑、白、红、青之色，有粳有粘。花放于顶，实生于节，子结于外，核藏于内，亦谷中之奇者。"

第二，我国糯玉米种质资源非常丰富，完整保存的糯玉米品种材料达 500 多份。据《全国玉米种质资源目录》记载，我国 79.55% 糯玉米地方种质来源于西南地区，以广西、贵州、云南的糯玉米材料居多，因此中国西南地区也是公认的糯玉米起源中心。而被认为糯玉米有可能是起源于云南的活证据的四路糯紫秆糯，曼金黄糯，在西双版纳地区至今已种植保存了 250 年以上。

第三，通过现代分子遗传学技术检测，我国的糯玉米材料人多具有中国蜡质玉米同工酶标志带，更加确定了国内的糯玉米材料具有相同的亲缘关系和起源依据。

糯玉米在国外的传播与发展

1908 年	传教士法南（J.M.W.Farnham）将糯玉米从中国带到美国，直至 20 世纪 30 年代，美国人只是出于好奇在遗传试验中作为标记基因而种植。
20 世纪 40 年代初	依阿华农业试验站发现糯玉米支链淀粉的性质与木薯块根淀粉相似。
1942 年	依阿华农业试验站培育出第一个糯玉米杂交种。第二次世界大战期间，由于从远东进口木薯淀粉困难，美国开始推广糯玉米淀粉的商业性生产。
1970 年	美国玉米带遭受玉米叶枯病重创之后，糯玉米表现出优良抗性和独特品质，成为研究重点。

目前，糯玉米主要在美国、加拿大及欧洲用于淀粉加工，淀粉糯玉米在美国已成为一个重要的产业，年播种面积约 30 万公顷，糯玉米淀粉年生产量在 160 万~203 万吨，利用糯玉米支链淀粉制作的食品已达 400 多种。

二、糯玉米为什么这么黏？

糯玉米的籽粒中有较粗的蜡质状胚乳，较像硬质玉米和马齿型玉米有光泽的玻璃质（透明）籽粒。

因籽粒干燥后胚乳呈角质不透明、无光泽的蜡质状，所以也叫蜡质玉米；又因胚乳淀粉几乎全部是支链淀粉，遇碘呈紫色（褐红色）反应，蒸煮后呈黏性，所以也称黏玉米。

糯玉米煮熟后黏软而富有黏性，这是因为糯玉米籽粒中支链淀粉的特性是加热糊化后，具有较高的黏度，冷却后复热，依然具有较高的黏度，表现出较好的抗老化能力。而普通玉米籽粒中的淀粉，则是由大约72%的支链淀粉和28%的直链淀粉所构成，直链淀粉具有一定的强度和稳定性，黏度比支链淀粉差。

糯玉米淀粉在淀粉水解酶的作用下，消化率可达85%，而普通玉米的消化率仅为69%，因此糯玉米的口感比普通玉米和甜玉米有黏性，优良的糯玉米品种在蒸煮后不返生，依然保持较好的黏性。

三、多姿多彩的糯玉米

糯玉米颜色众多，白的、黄的、红的、紫的、黑的，既好吃又好看。为什么糯玉米有这么多种颜色呢？

玉米籽粒主要由果皮、胚乳和胚三部分组成：最里面是胚，胚外面是胚乳，最外面是果皮。胚乳最外面的几层细胞叫糊粉层，位于胚乳和果皮之间。简单说，玉米多彩的颜色主要是由果皮、糊粉层和胚乳的颜色差异决定。

胚乳一般只有黄色和白色两种，黄色玉米籽粒的胚乳中含有胡萝卜素、类胡萝卜素和玉米黄素等，显黄色，而白色玉米胚乳中可显色的成分则没有或很少，但在胚乳最外部的糊粉层则有从淡红到深紫的多种颜色变化。

普通玉米籽粒的果皮一般是无色透明的，但在糯玉米中，有一类的籽粒呈紫色甚至黑色，是由于果皮中的花青素积累所致。

这里有故事！揭开神秘的基因面纱

玉米籽粒胚乳糊粉层部位，是发生丰富颜色变化的主要部位，决定糊粉层颜色的基因有 9 个。

如果 9 个基因均为显性，则显现为紫颜色，紫颜色也是一种花青素显色，就像葡萄中的紫色一样，是一种对人体健康有益的天然抗氧化剂。

9 个基因中的显、隐性状态不同组合，则会呈现不同的花青素的种类和含量，表现出深紫色、红色、棕红色、白色等颜色。将白颜色的玉米与紫颜色的玉米杂交，在其杂交种的果穗上就可能会产生颜色分离，在一个果穗上面呈现出多种颜色的所谓彩色玉米。

还有一类玉米，其中一个玉米籽粒表面就有不同颜色，如黄色背景里散布着紫色色线，非常好看。

见过吗？这就是传说中的"基因跳跃"，还跳出了个诺贝尔奖呢。

美国遗传学家麦克林托克（B.McClintook）最先通过这种现象发现基因跳跃。该基因跳入控制籽粒花青素合成的基因内，导致有色籽粒变为无色籽粒。在籽粒发育过程中，跳跃基因从花青素合成基因再跳到另一个基因内部，就会使花青素基因恢复合成，使籽粒表面呈现出不同颜色和不同大小的斑点。

这就是转座子基因，麦克林托克于 1983 年因此获得诺贝尔生理或医学奖。

四、糯玉米的品种

虽然糯玉米起源于中国，在我国西南也已广泛种植，但都是以零星种植和食用成熟籽粒为主。20世纪70年代，我国开始糯质玉米的杂交育种工作。21世纪以来，我国糯玉米育种及产业化进入高速发展阶段，不仅开展育种工作的单位众多，而且在育种的深度和广度上都有极大的提高，育成了一大批优良新品种并投入生产。

随着众多优良品种的推广应用，糯玉米在各大中城市近郊已呈现规模化种植，不仅改变了我国糯玉米种植面积零星分布的局面，而且有力地推动了我国糯玉米育种的发展。同时，配套的优质高效栽培、速冻保鲜加工和真空包装保鲜加工等技术日益成熟，形成了大规模的鲜食玉米加工产业。

京科糯2000、渝糯7号、京科糯928、京紫糯218、万糯2000等优良品种相继问世，新品种如雨后春笋般层出不穷，使得我国糯玉米种植面积大幅增加，由21世纪初的不足100万亩（6.67万公顷）增长至目前约1 200万亩（80万公顷），已成为世界糯玉米种植面积最大的国家。以京科糯2000、万糯2000等为代表的我国糯玉米品种已经走出国门，展现了我国糯玉米育种在全球范围的领先优势。

京紫糯 218

京科糯 2000

万糯 2000

第二章 营养价值

一、糯玉米的营养成分

淀粉	70%~75%
脂肪	4%~5%
蛋白质	>10%
维生素	>2%

　　小小的糯玉米，不仅香糯，营养价值也惊人哦！糯玉米的粗纤维含量是稻米的 9 倍。糯玉米籽粒所含淀粉几乎 100% 为支链淀粉，食用消化率高。其营养物质丰富，所含蛋白质、氨基酸等均高于普通玉米，尤其赖氨酸含量显著高于普通玉米。

二、糯玉米大家族

白色糯玉米

主流款

籽粒不含花青素，但维生素含量高。不仅富含维生素 A、维生素 B_1，还含有大量的硒元素，可预防心脑血管老化。

黄玉米

经典款

籽粒含有大量的胡萝卜素和玉米黄素，对保持视力健康非常有好处。

彩色糯玉米

颜值担当

由白色玉米和紫色糯玉米杂交而来，果穗上有些籽粒为紫色，有些则为白色，非常漂亮。富含花青素，抗氧化效果好。这类玉米营养价值比普通玉米高，宜于鲜食或加工。成熟采收后也可用于室内观赏。

紫色糯玉米

百变天后

根据显色程度不同，包括紫色、红色、红紫色、黑色等。籽粒含有大量花青素，对人体抗氧化和防衰老非常有帮助。

黑色糯玉米，因紫色花青素的累加而近似黑色。外观乌黑发亮。营养丰富，香黏可口，最宜鲜食。籽粒富含水溶性花青素和酚类化合物，能有效清除人体内的自由基，具有保护细胞、抗氧化、防癌、预防心血管疾病、改善视力、提高免疫力、防衰老等作用。以其为主要原料加工的"黑玉米粥""黑玉米糊""真空包装鲜玉米棒"等产品更是走俏市场。

无论是药食同源的饮食传统，还是以营养为核心、以科技创新为主导的农业发展方式，都需要更多营养强化型品种，即富含某一种或几种营养元素，实现人们靶向补给的需求。

第三章 食用攻略

一、糯玉米的挑选技巧

① 看　看果穗外观，苞叶紧实鲜绿，玉米须完好，果穗柄切口新鲜，拉开一点苞叶观察玉米须，露在外面的干枯变黑，里面的玉米须新鲜呈现绿色，玉米粒排列整齐，无凸尖，籽粒饱满有光泽，则代表很新鲜。如果苞叶发蔫打卷，颜色发白或变黄，玉米粒皱缩无光泽，则表示采摘下来已经很久了。

② 握　将新鲜的糯玉米果穗放到手心用力握，手感苞叶非常紧实饱满并能感受到苞叶下的玉米粒富含弹性，如果手感苞叶松散或明显能感觉到籽粒硌手，则说明太嫩或老了。

③ 撕　撕开苞叶，用拇指指甲尖掐向玉米粒，如果玉米粒很容易破裂，则说明籽粒皮薄、嫩，掐开的瞬间迸出汁水的则太嫩。籽粒饱满并能掐破，略微冒浆或不冒浆的最优。

④ 掰　掰断玉米果穗，从横断面看玉米粒的长短，也就是粒深。玉米粒深，中间的玉米轴较细的为优；粒浅，轴粗的次之。粒浅品种的口感不如粒深品种表现得充实饱满。

二、糯玉米的食用方法

第一步：将苞叶和玉米须扒掉，或留 2~3 片苞叶洗净后放入蒸锅中；

第二步：开火，自上汽开始计时蒸 20~25 分钟；

第三步：停火，稍微冷却后即可食用。

　　直接水煮和隔水蒸熟的糯玉米，哪种更好吃呢？

　　其实只要是新鲜的糯玉米，无论水煮还是隔水蒸，都能保持其独有的香甜软糯口感。关键是要掌握好蒸煮时间，蒸煮时间太短或过久都影响口感。可一定要注意哦！

如果时间紧张，就把去除表皮苞叶后清洗干净的鲜果穗放入微波炉里高火烘烤 10 分钟即可，超级方便！

看到这里，是不是觉得就结束了！

NO！ NO！NO！

接下来，上演"糯玉米花样吃法"，准备好了吗?

周末闲暇时间约上三两个朋友一起烤根玉米；

拌个玉米沙拉；

家人聚在一起时给妈妈煲个暖心的糯玉米炖排骨汤；

给孩子做碗五颜六色的什锦糯玉米粒；

给自己来份果仁糯玉米粥；

一起吃最新鲜的糯玉米，一起过简单幸福的时光。

烤玉米

玉米沙拉

糯玉米排骨汤

什锦糯玉米粒

果仁糯玉米粥

三、糯玉米的保鲜与保存方式

通常来说，新鲜的糯玉米是最好吃的！如果吃不完，也可以采取下面两种方法进行保存。

整穗保鲜

将糯玉米鲜果穗放入保鲜袋中，并滴入少量清水，尽量排出多余空气，封好口；或用保鲜膜将鲜果穗包裹严实，然后放入冰箱的保鲜室保存。在0~4℃下可以保持糯玉米新鲜一周，如果真空封装，保鲜时间会更长。

冷冻保存

先将糯玉米蒸或煮20分钟，冷却控干水分后，用保鲜袋包好冷冻保存，可以保存一年。

想吃的时候，重新大火蒸或煮15分钟就可以享用了。

·第三篇·

甜加糯玉米
SWEET-WAX CORN

甜加糯玉米小档案

类 型 依据籽粒形态和成分划分，属甜质与糯质混合型

颜 值 玉米植株较矮，籽粒淡黄或乳白色，胚较大

口 感 青棒阶段皮薄、汁多、质脆而甜、味美

营 养 富含水溶性多糖、维生素 A、维生素 C、脂肪和蛋白质等

一、甜加糯玉米的诞生

甜玉米、糯玉米，各具风味，而将甜和糯两种特色风味聚合起来，创制出一种又甜又糯的新型品种，一直是广大科研工作者不懈追求的目标。

最早开展甜加糯玉米育种研究的有我国育种家宋同明、赫忠友、吴子恺、肖述保等人。2004年，第一个甜糯玉米品种"都市丽人"通过审定，开启了全球甜糯玉米产业化历程，成为中国玉米难得的一张国际名片。

甜加糯玉米，弥补了过去鲜食玉米甜而不黏或糯而不甜的口感遗憾。在同一个玉米棒上，呈现甜与糯的1:3、7:9等多种籽粒搭配类型，不仅能够丰富百姓餐桌，更能满足众多口感需求，称得上开创了全球鲜食玉米品类的"第三极"。

都市丽人

二、甜加糯玉米的特点及品种

甜加糯玉米结合了甜玉米和糯玉米的优点，克服了甜玉米单一甜，糯玉米风味不足的缺点，实现了又甜又糯的美味升级。

此外，较多糯粒中富含淀粉利于色彩呈现，所以甜加糯玉米比甜玉米色彩丰富，堪称是具有中国特色的玉米界"美少女"。

我国甜加糯玉米种植面积逐年增加，截至2023年，已超过600万亩（40万公顷），主要集中在京津冀、长三角、珠三角、云贵川等地种植和消费。其中，以农科糯336、农科玉368、美玉3号、彩甜糯6号、天贵糯932等为代表的甜加糯类型玉米品种的选育与推广，极大地提高了我国鲜食玉米育种总体水平，成为我国独树一帜的鲜食玉米类型。在国际鲜食玉米育种领域，我国不但具有中国特色而且技术水平优势明显，处于国际领先地位。

农科糯 336

农科玉 368

彩甜糯 6 号

播种时间为2019年3月9号
天贵糯932

播种时间为2019年3月9号
天贵糯932

播种时间为2019年3月9号
天贵糯932

天贵糯 932

第二章 营养成分

甜加糯玉米的营养成分

　　甜加糯玉米含糖量比普通糯玉米高，其他营养成分与糯玉米大致相同，具备糯玉米的糯香和甜玉米的香甜，甜糯兼有，是玉米界的"新能手"！

　　甜加糯玉米采收期含水量约为 73%，略低于一般的水果和蔬菜，所以我们在吃甜加糯玉米的时候，更像吃果蔬一样，口感温润。

　　与普通玉米相比，甜加糯玉米消化率高出约 16%，赖氨酸含量高出约 16%~74%，水溶蛋白和盐溶蛋白均较高，并富含维生素 E、维生素 B_1、维生素 B_2、维生素 C 和肌醇、胆碱、烟酸及矿质元素。

第三章 食用攻略

一、甜加糯玉米挑选技巧

① **看**　排列整齐无行裂、籽粒饱满有光泽比较好。

② **掐**　掐一下果穗上的糯粒，可掐动且有少许白浆，说明老嫩适中，食用时机正合适。

③ **尝**　剥一粒果穗上的籽粒，甜度很好，说明还比较新鲜。

二、甜加糯玉米的食用方法

蒸食　将新鲜的甜加糯玉米带一层苞叶上屉，上汽后大火蒸 20~25 分钟即可食用。

鲜嫩的甜加糯玉米适合用大锅蒸，这样才能最大限度地保持它的原汁原味。

煮食　将新鲜的甜加糯玉米带一层苞叶，水开后大火煮上 20~25 分钟即可食用。

吸饱水的甜加糯玉米，一样可以香甜软黏，玉米水还可做茶饮赶走盛夏的暑气。

微波炉烘烤

将新鲜的甜加糯玉米带两层苞叶，洗净后置于有盖的容器内或用保鲜膜密封（防止水分流失），置于微波炉中，高火烘烤10分钟即可。

炒菜

将手剥的新鲜甜加糯玉米粒配黄瓜粒、青豆、菌菇、肉丁等小炒，是下酒的必备小菜。

做羹

将甜加糯玉米剥粒，放入豆浆机或加热型破壁机，加入适量水，一键即可享用到香甜营养的玉米糊。

三、甜加糯玉米的保鲜与保存方式

整穗保鲜

对于新鲜的甜加糯玉米，可用保鲜袋包好，尽早放入冰箱，置于冰箱中 0~4℃储存，可降低新鲜玉米中的酶活速率，减少营养物质降解，保鲜不宜超过 3 天。

冷冻保存

去除苞叶清洗干净，将新鲜的甜加糯玉米蒸熟后切段，或剥粒漂烫 5 分钟，用保鲜袋将其分装密封，置于冰箱中 −20℃储存，可保持甜糯风味一年不变。

· 第四篇 ·

爆裂玉米

POP CORN

爆裂玉米小档案

类型 根据籽粒形态和成分划分，属爆裂型

颜值 籽粒为硬粒，有光泽，淡黄或乳白色

口感 浓香、味美

营养 富含水溶性多糖、维生素A、维生素C、脂肪和蛋白质等

一、爆裂玉米产业发展历史

世界爆裂玉米产业发展历程

如此神奇的玉米品种是什么时候有的？好吃的玉米花是怎么来的？这要从一百多年前说起。

1880 年	美国生产出世界第一个爆裂玉米花商品。
1940—1950 年	家庭消费一度成为美国人消费玉米花的主流。
1980 年	家用微波炉及微波炉玉米花的出现，加上人们生活节奏的加快，这种方便快捷的小食品的市场消费有了大幅增长。
1988 年至今	世界爆裂玉米一直呈稳定增长趋势。另外，爆裂玉米花除了美国本土消费，还大量出口到其他国家和地区。目前，世界爆裂玉米出口国主要有美国、阿根廷、秘鲁等，我国只有极少量的成品出口。

中国爆裂玉米产业发展历程

爆裂玉米在我国经历了什么？我国什么时候开始生产爆裂玉米花的？

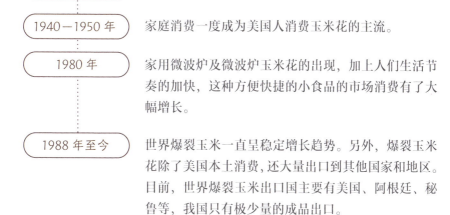

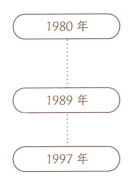

1980 年	美国爆裂玉米产品由中国香港的美国爆裂玉米代理商打入中国大陆市场，人们才知道爆裂玉米花也可以成为高档的营养零食。
1989 年	我国首个国产爆裂玉米商品上市，是一种用于家庭制作的半成品，由沈阳康福食品有限公司生产。
1997 年	我国第一家微波玉米花加工企业——上海正典食品有限公司问世，此后，有 100 余家企业进入爆裂玉米加工行业。

目前，我国爆裂玉米消费的主流是影院等休闲娱乐场所，爆裂玉米花进入家庭还不多见。根据发达国家的爆裂玉米产业发展经验，我国爆裂玉米产业存在巨大潜力。

二、爆裂玉米与爆裂玉米花

什么是爆裂玉米

你见过爆裂玉米吗？一听这个名字，是不是就想起了爆米花呢？它与其他玉米有何区别呢？

爆米花，想必人人都吃过。简言之，爆裂玉米就是用来制作爆米花的专用型玉米，它和普通玉米可不一样，它的特点是具有极好的爆裂性，膨爆系数可达 9~30！

爆裂玉米的用途

爆裂玉米的主要用途是用来加工玉米花等膨化食品。

不知道平时吃爆米花的时候你有没有仔细观察，爆米花也是千姿百态的呀！在生产上，爆裂玉米可以生产出不同形状的玉米花，爆裂玉米花可细分为蝶形花、球形花、混合形花三种。

蝶形花 膨爆后形成蝴蝶状玉米花，爆花充分，膨爆系数高达 35 以上。

球形花 膨爆后呈圆球形，膨爆系数在 25 左右。

混合形花 膨爆后的花形介于蝶形、球形两者之间或两类花形混合，膨爆系数一般为 25~35。

此外，一些观赏型品种还可用来制作工艺品。出于环境保护目的，有的甚至还可以替代塑料泡沫制品用于做易碎品、仪器的包装填充物等。

爆裂玉米花产品分类

目前，国内外爆裂玉米花产品主要有以下四类：

微波玉米花　将玉米粒与糖、油等佐料混合，包装在一种特殊的纸袋中，使用微波炉即可爆制成玉米花。该包装袋具有聚集热量和不渗油、不渗水的特性。

产品特点：　蝶形花，膨化充分，口感酥脆，入口即化，玉米香味突出，口味可清淡或浓重。

即食型玉米花　袋装型成品玉米花，开袋即食。

产品特点：　混合形花，风味多样，有一定挺实度，口感酥脆，口味可清淡也可浓重。

(裹糖型玉米花)　即焦糖玉米花或玉米花沾。

产品特点：　球形花，含糖含油较多，外形美观，不易破碎，口感酥脆，甜香味浓重。

(即爆型玉米花)　用专用爆玉米花机现场加工，现爆现卖。

产品特点：　花形和佐料随意，玉米香味明显，膨化充分，口感酥脆，口味浓淡由之。

第二章 营养成分

爆裂玉米花的营养成分

爆裂玉米含有人体必需的蛋白质、氨基酸、脂肪、钙、铁、锌、B族维生素、膳食纤维以及其他谷物所缺乏的谷胱甘肽等。

爆裂玉米花因其营养丰富、适口性好、食用方便而备受人们青睐。

爆裂玉米花制作过程中还可添加各种佐料，可增添品尝乐趣。此外，咀嚼玉米花还有利于牙齿保健，锻炼咀嚼肌，使脸部健美；可刺激胃壁，增加肠胃蠕动，促进食物消化和吸收。

蛋白质

氨基酸

脂肪

钙

铁

锌

B 族
维生素

膳食
纤维

谷胱
甘肽

第三章 食用攻略

一、爆裂玉米粒挑选技巧

选择当年种植生产的玉米，新玉米色泽新鲜，香味浓郁，干湿度比较合适；

选择籽粒完整，无虫蛀、无破损、无霉变的玉米；

选择爆花率高、膨爆系数高、颗粒大（花大）的籽粒。

二、爆米花的制作

爆裂玉米"性格火爆"，不需专业设备，爆米花在家就能轻松制作。

食材　　爆裂玉米粒、油、糖、其他调味料、干果配料等。

步骤
1. 洗净准备好的玉米粒；
2. 锅里放适量油和糖，点火；
3. 油烧热后，放入玉米粒并盖上锅盖；
4. 不断摇晃使玉米均匀受热；
5. 当紧存零星爆花声时立即将玉米花倒出。

芝麻、巧克力、香精等其他配料需要与糖混合在一起放入。依据个人口味加入配料，会让爆米花更好吃更好看哦！

三、爆裂玉米粒的保存方式

爆裂玉米在含水量为 11%~14% 时，膨爆系数和爆花率最高。在敞开散放条件下存放极易使玉米粒过干而导致爆花品质下降，因此要在密封条件下保存，防止玉米粒风干失水。

第五篇

食品安全

FOOD SAFETY

一、鲜食玉米品种的培育方法

目前，我国市场上推广应用的鲜食玉米（包括甜玉米、糯玉米、甜加糯玉米、爆裂玉米以及笋玉米等），都是利用传统育种方法培育的杂交一代或常规品种。

专业的育种过程

1. 具有这些用途的杂交一代或常规品种都是定向育种或多代选育而来的。

2. 放在不同环境田间进行种植鉴定，选择产量高、抗性强、品质好的材料继续杂交、自交，重复种植和筛选鉴定。

3. 经过多年、多世代的筛选和自交繁殖，培育出配合力和遗传力表现优良、抗性强的亲本。

4. 具备各种种质特性的杂交一代或常规品种都必须经过国家或省级的区域适应性试验鉴定。

必须经过各级专家委员会的鉴定，确定表现优秀的杂交种才能推广、种植，生产的产品才能供应消费者。

二、鲜食玉米的生产过程

鲜食玉米也属于大田作物，其生产过程与普通玉米种植过程相同，主要包括整地、播种或移栽、苗期管理、中期管理、病虫草害防治、成熟、收获与保鲜、加工与销售等。

甜玉米因种子淀粉含量明显较低，种子出苗能力明显较弱，所以播种时，播种深度要浅；幼苗期根系明显较少且弱，对环境的抵抗能力明显较弱，需要加强管理。

为了提高鲜食玉米的品质，种植时建议增施有机肥做基肥，可替代和减少化学肥料的使用，明显提高后期植株的抗病性、抗倒伏性。

注意与普通玉米，以及甜、糯等不同类型之间避免串粉。

三、玉米是所有农作物中最安全可靠的作物之一

玉米抗性非常好，全生育期中，在南方只用三次药，在北方可能用一次药或者两次药，用药量是在农作物里面是最少的。

玉米果穗外面包裹 10~15 层苞叶，所以我们吃的籽粒是外部环境接触不到的。

玉米所需的营养成分通过基部吸收，农药或者其他物质则是通过叶片吸收完后，通过茎进入果实，经过层层过滤，即使有农药残留，进到玉米籽粒里也是非常少的。

四、鲜食玉米品种安全说

有文献记载的最早甜玉米品种是 1779 年一支欧洲远征考察队从美洲印第安人耕作地里带回的 "Papoon" 甜玉米果穗。

现在的甜玉米品种虽然和几百年前的不完全相同，但仍是在自然变异的甜玉米品种基础上，再通过传统育种技术培育出的品种。

五、鲜食玉米的综合利用

鲜食玉米籽粒、玉米秸秆都可制成饲料，可直接作为猪、牛、马、鸡、鹅等畜禽饲料，是畜牧业必不可少的饲料来源。世界上大约 65% 的玉米都用作饲料，发达国家该使用比例高达 80%。

参考文献

史亚兴，徐丽，赵久然，等，2019.中国糯玉米产业优势及在"一带一路"发展中的机遇 [J].作物杂志（2）：15-19.

孙卿，王文亮，弓志青，等，2013.糯玉米的食用加工与产品开发 [J].农产品加工（学刊）（10）：70-71，75.

张巧云,2010.鲜食玉米实用知识 [M].天津：天津科技翻译出版有限公司.

赵久然，卢柏山，史亚兴，等,2016.我国糯玉米育种及产业发展动态 [J].玉米科学，24（4）：67-71.

图书在版编目（CIP）数据

让优质的鲜食玉米走进千家万户：鲜食玉米科普宣传手册 / 中国种子协会鲜食玉米分会，中国作物学会玉米专业委员会组编 . —北京：中国农业出版社，2023.11

ISBN 978 - 7 - 109 - 31428 - 3

Ⅰ.①让…　Ⅱ.①中…②中…　Ⅲ.①玉米—栽培技术　Ⅳ.①S513

中国国家版本馆 CIP 数据核字（2023）第 206264 号

中国农业出版社出版

地址：北京市朝阳区麦子店街 18 号楼

邮编：100125

责任编辑：张　丽　文字编辑：邓琳琳

版式设计：迟　颖　责任校对：吴丽婷

印刷：北京通州皇家印刷厂

版次：2023 年 11 月第 1 版

印次：2023 年 11 月北京第 1 次印刷

发行：新华书店北京发行所

开本：880mm×1230mm　1/32

印张：2.75

字数：76 千字

定价：35.00 元
